AF267993

ÉTUDES DE VOYAGE

PAR

M. CHARLES GRAD

Député au Reichstag

Membre de la Société géographique de Paris

II

LES TRAVAUX PUBLICS

EN ALGÉRIE

NANCY

IMPRIMERIE BERGER-LEVRAULT ET Cⁱᵉ

11, rue Jean-Lamour, 11

.1883

ÉTUDES DE VOYAGE

PAR

M. CHARLES GRAD

Député au Reichstag

Membre de la Société géographique de Paris

II

LES TRAVAUX PUBLICS

EN ALGÉRIE

NANCY

IMPRIMERIE BERGER-LEVRAULT ET Cie

11, rue Jean-Lamour, 11

—

1883

LES

TRAVAUX PUBLICS

EN ALGÉRIE

*Lettres écrites à M. J.-V. Barbier, secrétaire général
de la Société de géographie de l'Est.*

Monsieur et cher collègue,

Les études sur l'Algérie que vous avez bien voulu me demander pour notre Société de géographie de l'Est sont le résultat de plusieurs voyages exécutés dans notre belle colonie africaine pendant le cours des dix dernières années. J'ai entrepris ces voyages pour constater sur les lieux quelles ressources l'Algérie pourrait offrir aux Alsaciens-Lorrains désireux de quitter le pays natal par suite de l'annexion allemande. Mes courses m'ont conduit sur tous les points intéressants du territoire entre les frontières de la Tunisie et celles du Maroc, depuis le littoral de la Méditerranée jusqu'à l'intérieur du Sahara et sur les sommets du Djurdjura et de l'Atlas. Tout naturellement, mes observations ont porté d'abord sur les travaux publics susceptibles de favoriser la colonisation et l'exploitation du pays. De là une série d'études sur les voies de communication, l'aménagement des eaux, la restauration des forêts. Ces études forment la première partie de mon travail. Dans la seconde partie viendront mes observations sur le magnétisme terrestre, sur la température de la mer le long du littoral, sur la géologie et le régime des eaux du Sahara, sur le siroco et le fœhn. Un vaste champ reste encore ouvert à l'étude de l'histoire naturelle de l'Algérie. Quant au développement des travaux publics, j'espère vous montrer par mes lettres que le gouvernement français a beaucoup fait pour le développement de notre colonie, quoi qu'en disent les détracteurs ignorants. Les États-Unis d'Amérique n'ont pas réalisé des progrès plus rapides pendant les cinquante premières années de leur occupation.

Charles GRAD.

Logelbach (Alsace), 20 juillet 1882.

I.

CONSTITUTION PHYSIQUE.

Tout d'abord, voyons la constitution physique du territoire algérien. En venant de France pour aller d'Alger à Laghouat, tout droit dans la direction du nord au sud, suivant le méridien, vous constatez dans la composition de ce territoire trois zones distinctes : le littoral, depuis les côtes de la mer jusqu'au faîte des montagnes dont les eaux s'écoulent dans la Méditerranée ; la région des hauts plateaux à alfa sur le versant opposé des mêmes montagnes ; les steppes déserts du Sahara. Ce profil se retrouve avec des caractères semblables sur toute l'étendue de l'Algérie, s'oblitérant toutefois de l'ouest à l'est, où la région des hauts plateaux tend à s'effacer entre Constantine et Biskra. C'est la zone du littoral, communément appelée le Tell, qui constitue le vrai domaine de la colonisation et de l'agriculture, tandis que les steppes des hauts plateaux, différents par leur climat, présentent seulement des terres de pâture propres à l'élève du bétail. Aux yeux des Arabes, la zone des hauts plateaux fait déjà partie du Sahara, plus sec cependant et brûlé par le soleil, où les pâturages et les cultures apparaissent à peine de loin en loin comme une exception au milieu d'immenses solitudes désertes. Ne formant pas une région géographique nettement délimitée, l'Algérie rentre dans le groupe des territoires de l'ancienne Barbarie, dont l'ensemble se présente avec des caractères communs et figure dans le Nord du continent africain un trapèze déprimé, avec une largeur de 400 à 500 kilomètres sur 2,000 en longueur, enveloppé de trois côtés par l'Océan et la Méditerranée, limité sur sa face la plus étendue par les solitudes du grand désert.

La zone littorale ou le Tell est la région des pluies périodiques, des forêts, des grains et des fruits, livrée maintenant à la colonisation et naguère le grand théâtre de l'occupation romaine. C'est aussi, à vrai dire, la zone montagneuse, avec une physionomie si particulière par la nature de sa surface, par son climat, que les hommes l'ont toujours considérée comme une terre tout à fait distincte des régions voisines. Ses montagnes, moins élevées qu'au Maroc, ne forment pas une chaîne continue, avec des arêtes sans fin, comme nous les représentent de mauvaises cartes. Elles se partagent en une dizaine de massifs, plus ou moins distincts les uns des autres, mais qui se rattachent au système de l'Atlas. Dans le Maroc, l'Atlas atteint des altitudes de 3,465 et 3,359 mètres au Miltsin et au Taza. Les plus hautes cimes de l'Algérie, le Lella-Khredidja, dans le Djurdjura, et le Chellia, dans l'Aourès, ne dépassent pas 2,317 et 2,320 mètres. Selon la remarque de M. Mac-Carthy, notre savant géographe algérien, le haut massif de l'Atlas, arrivé à 800 kilomètres de son extrémité occidentale, s'abaisse assez brusquement pour changer d'aspect. Ce n'est plus guère qu'un vaste plateau montueux, dont la cote, 800 mètres, représente à peu près l'altitude moyenne, composé de chaînes et de chaînons affectant toutes les formes, de massifs plus ou moins compacts, de grandes plaines ondulées, de bassins isolés, plus ou moins étendus, restes d'anciens lacs à sec. De cet enchevêtrement très-compliqué, aux versants abrupts, aux côtes rapides, les eaux se dégagent avec peine, tantôt lentement, tantôt de la façon la plus imprévue, pour descendre à la Méditerranée ou aller se perdre dans les sables du Sahara.

Large de 100 à 120 kilomètres dans les provinces d'Oran et d'Alger, la zone du Tell, avec ses montagnes, prend sous le méridien de Constantine jusqu'à 260 kilomètres de largeur. Son étendue peut être évaluée à 14 millions d'hectares, contre 11 millions pour celle des hauts plateaux à alfa. Quant au Sahara algérien, ses limites restent indéterminées et sa surface mesure au moins 45 millions d'hectares. En allant de l'Ouest à l'Est, les dix massifs montagneux du Tell présentent les cotes extrêmes suivantes : massif de Tlemcen, 1,884 mètres, au Djebel-Tenouchfi ; massif du Tessela, 1,003 mètres, près de Sidi-Bel-Abbès ; massif de Saïda, 1,246 mètres, au Djebel-Khrenifer ; massif de l'Ouâncherich, semblable à une vaste presqu'île enveloppée par le Chelif et par la Mina, 1,991 mètres ; massif du Zakkar, 1,580 mètres, au-dessus de Milianah ; massif du Djurdjura, dans la grande Kabylie, 2,317 mètres, dont la crête neigeuse est visible depuis le port d'Alger ; massif d'Aumale, 1,800 mètres, au Djebel-Dira, qui unit les montagnes du Tell à l'extrémité des hauts plateaux désignés sous le nom de bourrelet saharien ; le massif sétifien, 2,000 mètres, au Djebel-Babour, dans le voisinage du golfe de Bougie ; massif de l'Edough, 1,004 mètres, au-dessus des riantes vallées de chêne derrière Bône ; massif du Serdj-el-Aouda, qui se prolonge à l'intérieur de la Tunisie, 1,370 mètres, au-dessus de Guelma. Dans le bourrelet saharien, qui se rattache au massif d'Aumale et dessine la lisière des hauts plateaux vers le Sahara, nous trouvons les altitudes de 1,972 mètres dans le massif du K'sêl, où est Géryville ; 1,600 mètres au Djebel-Amour, du côté de Laghouat ; 1,800 mètres au Djebel-Bou-Kahil ; 2,320 mètres enfin au mont Chellia, principal sommet du massif de l'Aourès. Les hauts plateaux s'abaissent en pente douce vers le Sahara, qui accuse encore une élévation de 800 mètres dans l'oasis de Laghouat pour descendre insensiblement à 125 mètres près de Biskra, puis à 30 mètres audessous du niveau de la Méditerranée dans la dépression du chott Melghir, où il a été question de créer une mer intérieure moyennant le percement de l'isthme de Gabès.

Ces chiffres permettent de fixer les principaux traits du relief de l'Algérie. Nous ne pouvions nous dispenser de les noter pour apprécier les conditions des grands travaux publics commencés ou à entreprendre dans l'ensemble du pays, pas plus que nous pouvons négliger l'esquisse du réseau hydrographique, d'une si grande importance pour la culture du sol. Une partie des eaux tombées à la surface des hauts plateaux à alfa se ramasse dans quelques basfonds marécageux sans écoulement, une autre partie alimente le cours supérieur du Chelif et du Nahr-Ouasel ou bien s'épanche par les affluents de l'Oued-Djeddi dans la dépression du chott Melghir ou dans les dunes de sable au Sud de la province d'Oran. Les rivières qui se déversent dans la Méditerranée après être descendues des massifs montagneux énumérés ci-dessus, sont : la Taffna, frontière du Maroc, l'Isser de l'Ouest, l'Habra avec ses deux affluents du Sig et de l'Oued-el-Hammam, le Chelif, la Mina, le Rihou, l'Isly, l'Oued-Fodda, l'Oued-Rouina, l'Oued-Masin, la Chiffa, l'Harrach, l'Isser de l'Est, le Sebao de la grande Kabylie, l'Oued-Sahel et son affluent le Bou-Sellam, l'Oued-El-Kebir de Constantine, le Radjeta, le Saf-Saf, la Sebouse, le Mafrag et l'Oued-El-Kebir des plaines de Bône. Parmi ces cours d'eau, tous torrentiels, à peu près à sec en été et débordés après les fortes pluies d'hiver, le Chelif mesure une longueur de 600 kilomètres, égale à celle de la Moselle ; l'Oued-Sahel et l'Habra 110 kilomètres, comme la Vilaine en France.

Dans la partie inférieure de leurs cours, ces rivières arrosent de vastes plaines, véritables greniers d'abondance partout où les pluies suffisent, où les irrigations sont possibles. Qu'il nous suffise de nommer la Mitidja, dont les riches terrains enveloppent le petit massif d'Alger ; les plaines du Chelif, au-dessus et au-dessous d'Orléansville; la plaine d'Eghris auprès de Maskara ; les plaines de l'Habra, désolées par des inondations récentes, après de longues sécheresses ; la plaine de la Mleta, sur le bord du Sebka d'Oran ; la plaine de Zidour près d'Aïn-Temouchent dans l'Ouest; puis, en revenant à l'Est, la grande plaine des Beni-Sliman, entre Médéa et Aumale ; la Medjana, au milieu de laquelle s'élève le bordj Bou-Ariridj; les plaines de Bône avec plus de 100,000 hectares d'étendue. Les courants d'eau trop faibles pour se creuser un lit assez profond jusqu'à la mer s'arrêtent dans des bassins fermés ou des bas-fonds, où leurs ondes immobilisées s'arrêtent et s'évaporent en couvrant de vastes surfaces d'efflorescences salines. Ce sont les chotts et les sebkhas des indigènes, lacs temporaires ou marais salants, celles-ci plus souvent à sec, ceux-là plus longtemps couverts d'eau. Sur les hauts plateaux de la province d'Oran, les chotts atteignent 225,000 hectares de superficie, et une longueur de 300 kilomètres dans le bassin du Melghir, où aboutit le cours de l'Oued-Djeddi, le fleuve du Sahara, ordinairement sans eau à la surface. Pourtant l'eau vient-elle à manquer à la surface, elle forme dans le bassin des rivières sahariennes des nappes souterraines, richesse des oasis quand l'industrie des hommes l'amène au jour par des puits artésiens.

En passant de l'un à l'autre des deux versants de la zone des hauts plateaux de l'Algérie, vous constatez entre l'aspect et le relief de ces versants des différences frappantes. Sur le versant nord, où les crues torrentielles des rivières alimentées par des pluies sont plus fréquentes et plus régulières, la force d'érosion suffit pour entraîner les terrains meubles sur le parcours des courants d'eau, pour encaisser profondément leur lit sur le fond inaffouillable de la roche vive, à travers un dédale de gorges escarpées. Sur le versant sud, au contraire, le phénomène d'érosion s'ébauche à peine. D'énormes dépôts de terres meubles restent de ce côté pendants en terrasses, faute d'un afflux ou d'un courant assez fort pour les emporter.

Lors de mon premier voyage au Sahara, en allant de Constantine à Biskra par Batna, j'ai remarqué une formation de cette nature digne d'être signalée comme type. Batna se trouve au milieu d'une vaste plaine, ou plutôt d'une large vallée, barrée au Sud comme au Nord par deux rangs de collines calcaires, à quelques kilomètres de distance l'une de l'autre. La route, après la traversée de Batna, continue à monter jusqu'au point culminant, à 1,100 mètres d'altitude, hauteur égale à celle du col de la Schlucht, dans nos Vosges, entre l'Alsace et la Lorraine. Mais tandis que la magnifique route de la Schlucht serpente par de nombreux lacets sur des versants abrupts, la rampe de la route de Batna à Biskra est si faible que le changement de pente, à la traversée du col, s'opère d'une manière insensible. Dans cette traversée, le terrain change si peu d'aspect que, lors de mon passage, à l'aller comme au retour, il ne m'a pas été possible de juger à vue d'œil, à une heure de marche près, du point exact où la route cesse de monter pour commencer à descendre. Néanmoins, un faible sillon finit par se creuser au milieu de la vallée. Peu à peu ce sillon s'encaisse entre ses berges limoneuses, verticales, jusqu'au point où, à 20 kilomètres de la ligne de faîte, ce ravin s'effondre brusquement par un saut de 300 à 400 mètres, à travers les talus en terre glaise d'un large entonnoir d'éboulement, dont cent ravins semblables déchiquettent les flancs à chaque crue, sans avoir pu arriver encore à s'asseoir sur la roche vive.

Autrefois les rivières du pays, même dans la zone du Tell, avaient un régime plus régulier que de nos jours, des pluies plus abondantes aussi. Les pluies atteignent leur maximum sur la frontière du Maroc et dans les environs de Bougie, avec une hauteur annuelle moyenne de 1,100 à 1,200 millimètres. Dans la Mitidja, la grande Kabylie, le Sahel, à Alger et à Médéa, il en tombe 800 millimètres, contre 500 millimètres dans le restant de la zone littorale, au Nord d'une ligne passant par Saïda, Boghar, Batna. Au Sud des hauts plateaux, dans le Sahara, les pluies annuelles dépassent rarement 200 millimètres, si peu fréquentes dans l'intérieur du désert que sur beaucoup de points elles manquent pendant de longs intervalles. Dans toutes les stations qui reçoivent plus de 500 millimètres d'eau par an, la répartition dans le courant de l'année est à peu près la même. L'année se partage, sous le rapport des pluies, en deux saisons bien marquées. Du 1ᵉʳ mai au 1ᵉʳ septembre, il fait sec. Il commence à pleuvoir en septembre, mais avec des périodes de siroco, pour arriver au maximum dans le courant de décembre. Après le siroco, la pluie tombe en plus grande abondance, en plus grande abondance également la nuit que pendant le jour. Chaque hiver la neige se montre dans les montagnes, accompagnée de violentes bourrasques. Fait intéressant à noter, on m'a raconté à Laghouat que, le 20 février 1864, pendant une demi-journée, les palmiers de l'oasis ont ployé sous le poids de la neige. Maintes fois nos soldats de l'armée d'Afrique ont été surpris dans les montagnes par des tourmentes de neige dont ils ont eu à souffrir beaucoup.

Sous l'influence de la substitution de vents contraires, la température subit en plein Sahara des variations de 40 degrés centigrades d'un jour à l'autre. Le thermomètre a déjà marqué 45 degrés à Laghouat, au mois de juin, où la moyenne annuelle s'élève à 21 degrés, contre 17 degrés à Alger. Dans la zone des hauts plateaux la chaleur atteint aussi 45 degrés en été, alternant avec des froids de 8 à 12 degrés au-dessous de 0, avec des gelées tardives jusqu'en mai et en juin, qui détruisent les feuilles, les bourgeons,

les fruits en formation, par conséquent très-préjudiciables
pour la végétation et les cultures. Presque toute la côte
présente la température moyenne d'Alger et l'influence de
la mer s'y traduit par une plus grande uniformité, par
des variations moins brusques et moins extrêmes qu'à
l'intérieur, surtout dans la zone des hauts plateaux. Aussi
bien, les villes du littoral commencent à être fréquentées
comme stations d'hiver, plus agréables pour le climat que
Nice et Cannes. Rarement le thermomètre y descend à 4
ou 5 degrés au-dessous de 0, rarement il monte plus haut
que 30 degrés, sauf pendant les mois d'été et quand souffle le
siroco. La zone des hauts plateaux présente des tempéra-
tures plus élevées et plus basses, suivant les saisons ou
suivant les heures. Dans la zone saharienne, caractérisée
par la culture du dattier comme arbre à fruits, la chaleur
augmente, en indiquant 21 degrés et plus comme moyenne
de l'année. Chaque fois que souffle le siroco, vent du Sud,
Guebli des Arabes, plus fréquent ou plutôt plus sensible en
hiver, la température générale s'échauffe davantage, sur
toute l'étendue du pays où se manifeste son action. En ce
qui concerne l'état hygrométrique, les localités de l'intérieur ont un air sec, la région maritime un air plus humide,
particulièrement dans les centres exposés sur la côte aux
vents d'Est. Nous n'entrerons pas aujourd'hui dans plus de
détails sur la météorologie et la constitution physique de
l'Algérie, mais nous n'avons pu nous dispenser de ces
notions sommaires, un peu arides, j'en conviens, avant de
nous entretenir des grands travaux d'utilité publique dont
dépend l'avenir de la colonie.

II.

LES VOIES DE COMMUNICATION.

« Mon programme colonial, me disait le général Chanzy,
lors d'une visite que je lui fis, il y a quelques années, dans

sa laborieuse retraite au palais d'été de Mustapha, mon programme colonial vise avant tout au développement des travaux publics. Le Gouvernement ne doit pas appeler l'immigration par trop de promesses. Mieux vaut faciliter l'établissement des colons venus en Algérie de leur mouvement propre, en stimulant l'activité du pays par l'extension des voies de communication et un bon aménagement des eaux. » En disant qu'il n'appelait pas l'immigration, le gouverneur d'alors faisait allusion aux Alsaciens-Lorrains, arrivés en grand nombre après la guerre d'Allemagne et de la situation desquels j'étais venu m'enquérir. La plupart de ces colons n'ont pas réussi, malgré les encouragements de l'État. Cultivateurs improvisés, ces gens n'avaient pas l'habitude du travail agricole. Un trop grand nombre, il faut le reconnaître, a quitté ses provinces natales abusant de la générosité de la France au lieu de mettre en valeur ses concessions de terre. Ceux-là n'existent plus. L'absinthe, l'oisiveté, les fièvres en ont eu bien vite raison. Par contre, les colons laborieux, nouveaux ou anciens, qui fondent leur existence sur le travail, qui mettent la main à l'œuvre résolument, avec énergie et persévérance, obtiennent de bons résultats et voient leur peine récompensée. A ceux-là aussi, le Gouvernement leur doit aide et protection, et peut assurer leur prospérité par l'exécution de travaux d'utilité générale bien mieux qu'en dissipant les ressources dont il dispose en secours individuels d'un emploi souvent sujet à caution. Sur bien des points, les terres les mieux cultivées ne donnent pas, faute d'eau, tout le rendement possible, tandis que sur d'autres points l'insuffisance des voies de communication ne permet pas d'obtenir un prix rémunérateur des récoltes faites. La création de voies de transport moins coûteuses, l'établissement de routes et de chemins de fer, les constructions de grands réservoirs et de canaux de dérivation pour un meilleur aménagement des eaux, dans une contrée neuve où les capitaux sont encore trop rares, où les moyens des particuliers ne suffisent pas, imposent à l'État le devoir d'intervenir.

D'ailleurs, la création d'un réseau de voies de communication rapides et faciles ne répond pas seulement aux besoins de l'agriculture et du commerce, il présente aussi un intérêt supérieur au point de vue stratégique, pour la défense du territoire. Si l'Algérie avait des chemins de fer pénétrant du littoral à l'intérieur du Sahara, jusqu'aux confins les plus reculés des possessions françaises, les soulèvements des indigènes seraient moins fréquents et ne pourraient prendre une extension inquiétante pour la colonisation. C'étaient les exigences militaires, plus que les exigences du commerce, qui faisaient construire aux Romains, sur toute l'étendue de leur vaste empire, ces voies grandioses dont nous admirons encore les vestiges. En l'absence de bonnes routes, les concentrations de troupes traînent en longueur, la répression des mouvements insurrectionnels devient bien difficile, surtout contre des populations nomades, sans habitations fixes, qu'il faut poursuivre dans des régions dénuées comme les hauts plateaux, comme les plaines sahariennes, où les postes occupés en permanence se tiennent à des distances énormes, où les approvisionnements ne peuvent se faire sur place, où l'eau même manque. Quoi d'étonnant, dans ces conditions, que l'ennemi, habitué aux difficultés d'un tel territoire, échappe ou se dérobe à toutes les poursuites en devenant en quelque sorte insaisissable ? Je me suis convaincu, lors de mon séjour dans le Sud de l'Algérie, au printemps dernier, au début des troubles actuels, que l'existence d'un réseau de lignes ferrées entre Alger et les postes de Géryville, de Laghouat, de Biskra et d'Ouargla, aurait certainement empêché l'insurrection de s'étendre et évité les revers infligés aux colonnes françaises par les bandes de Bou-Amema. Je suis également persuadé que la construction d'un chemin de fer au Sahara serait pour le Gouvernement une entreprise de saine économie, digne de fixer l'attention des hommes pratiques.

En effet, l'extension donnée aux routes et aux chemins de fer, en permettant de promptes concentrations de troupes, en cas de besoin, sur les points les plus éloignés du territoire, fournit le meilleur moyen de diminuer l'effectif des garnisons et par suite la dépense d'entretien de toute l'armée d'occupation. Cette armée, avec un effectif de 60,000 à 70,000 hommes en temps ordinaire, à raison de 1,000 fr. de frais d'entretien par homme et par année, coûte à la France une somme annuelle de 60 à 70 millions. Admettez une diminution d'un quart seulement sur l'effectif de présence des garnisons pour garder le pays, par suite d'une plus grande facilité des concentrations avec des moyens de transports plus prompts, vous réalisez une économie annuelle de 15 millions de francs au moins sur les dépenses militaires, sans compter la valeur du travail des hommes libérables du service, sous l'effet de cette mesure. Or le prix d'établissement des voies ferrées en Algérie ne dépasse guère 100,000 fr. par kilomètre. L'État pourrait donc construire aisément chaque année 150 kilomètres de chemins de fer nouveaux avec l'économie réalisable sur le budget de l'armée. Dans ces conditions, le chemin de fer d'Alger à Laghouat, pour un parcours d'environ 450 kilomètres pourrait être exécuté en trois ans, sans accroître les charges des contribuables. Dans l'état actuel des choses, le prix des transports, sur les charrettes qui font le service, revient à 40 fr. les 100 kilogrammes, près d'un franc par tonne kilométrique, au lieu de 5 centimes, prix moyen sur nos chemins de fer européens. Ainsi les transports par chemin de fer d'Alger à Laghouat coûteraient le vingtième seulement du prix actuel, sur char, faute de route carrossable sur la moitié du parcours.

Cet état des choses se modifiera, nous n'en doutons

pas, dans un avenir prochain. Dès maintenant le gouvernement de l'Algérie a beaucoup fait pour les voies de communication de la colonie. Le réseau des voies ferrées en exploitation ne comprend pas moins de 1,282 kilomètres; le réseau des routes 10,506 kilomètres, dont la majeure partie à l'état d'entretien. Quand nous traversons ou que nous parcourons le pays, nous sommes d'abord frappés de l'insuffisance des chemins existants. N'oublions pas cependant que, lors du débarquement des Français, en 1830, il n'y avait en Algérie ni route praticable aux voitures, ni même de port en bon état pour abriter les navires sur la côte. La jetée de pierres qui reliait les îlots de la rade d'Alger à la ville était bouleversée par les moindres tempêtes. Nulle part ailleurs non plus, les abris naturels ne permettaient aux navires de quelque importance de mouiller avec sécurité près de terre. Dans l'intérieur, point de ponts pour franchir les rivières ; en fait de chemins, rien que des sentiers frayés au hasard, praticables tout au plus pour les piétons, les cavaliers, les bêtes de somme. Qui ne le sait? la pensée d'occuper et de coloniser le pays fut longtemps combattue. On se borna à prendre les villes du littoral et l'on commença seulement à partir de l'année 1838 l'ouverture des voies de communication avec l'intérieur, après que l'Algérie eut été proclamée terre française.

L'honneur des premiers travaux de voirie sur le territoire algérien appartient au génie militaire. Les soldats de la France ont ouvert ces chemins en combattant, échangeant à tout moment le pic contre le fusil, mêlant leur sang avec leur sueur.

Le service civil des ponts et chaussées est venu longtemps après eux pour achever l'œuvre commencée ; mais, encore maintenant, on rencontre les compagnies pénitentiaires employées à la construction de routes nouvelles, pour expier sous un soleil ardent, loin des centres habités, les fautes commises dans les villes de garnison. Plusieurs de ces routes construites par l'armée sont admirables d'exécution et de hardiesse. Qu'il me suffise de citer comme exemples les magnifiques chaussées du Chabet et de la Chiffa, qui s'élèvent à travers les gorges sauvages de l'Atlas, pareilles aux plus beaux passages des Alpes et les Pyrénées dans notre vieille Europe. Vous voyez dans ces gorges, où des torrents tour à tour débordés ou à sec se sont seuls frayés une voie, d'excellentes chaussées, à pente régulière, empiéter sur les eaux et sur la montagne, s'étayer jusqu'au-dessus de 1,000 mètres d'altitude par de nombreux lacets, tantôt suspendues au moyen de fortes murailles sur des abîmes vertigineux, tantôt perçant le roc à coups de canon, afin de gagner les cols les plus élevés et redescendre ensuite à travers la zone des hauts plateaux vers celle des sables sahariens. Dans ces immenses solitudes, où les routes jalonnées attendent encore leur achèvement, vous en suivez le tracé indiqué par des lignes de poteaux télégraphiques, dont les fils vous guident la nuit, vibrant au vent du désert comme autant de harpes éoliennes. Si le lit à sec ou rempli d'eau de quelque rivière profonde vient interrompre la piste, vous franchissez cet obstacle au moyen de ponts solides construits avant l'achèvement du chemin. Le jour n'est pas loin où l'on ira visiter, non-seulement pour des voyages d'affaires, mais pour leur beauté pittoresque ces passages dignes de soutenir la comparaison avec les sites renommés de l'Europe les plus fréquentés par les touristes.

Dans un recueil de notices sur l'Algérie remis l'année dernière aux membres du congrès de l'Association française pour l'avancement des sciences réunis à Alger, M. Neveu-Derothrie donne le tableau suivant des voies de communication existant sur le territoire de la colonie:

Chemins de fer en exploitation. . . . . 1,282 kilomètres.
Routes nationales classées . . . . . 2,900 —

Routes départementales. . . . . 1,316 kilomètres.
Chemins de grande communication. . . 4,982 —
Chemins d'intérêt commun . . . . . 1,299 —

soit ensemble 11,788 kilomètres de voies créées par la
France, en regard d'une étendue de 7,800 kilomètres pour
la somme des étapes énumérées dans les itinéraires romains
sur le territoire occupé par les trois départements de l'Algérie. C'est une longueur respectable déjà, mais qu'il importe de développer promptement et d'amener à l'état
d'entretien au moyen de crédits plus forts que ceux actuellement inscrits au budget. Par routes à l'état d'entretien,
on entend celles dont la construction est achevée définiti-
vement. Voici la nomenclature, l'état et la longueur des
routes nationales classées :

	LONGUEUR EN KILOMÈTRES			
	à l'entretien.	ouvertes aux voitures.	pistes.	totaux.
Nº 1, d'Alger à Laghouat.	218	234	—	452
Nº 2, de Mers-el-Kébir à Tlemcen .	149	—	—	149
Nº 3, de Stora à Biskra.	263	—	65	328
Nº 4, d'Alger à Oran.	411	—	—	411
Nº 5, d'Alger à Constantine. . . .	434	—	—	434
Nº 6, d'Oran à Géryville	182	151	—	333
Nº 7, de Relizane au Maroc. . . .	76	164	39	279
Nº 8, de Maison-Carrée à Bouçaada.	112	22	113	247
Nº 9, de Bougie à Sétif.	111	—	—	111
Nº 10, de Constantine à Tebessa. .	83	82	—	165
Totaux	2,039	653	217	2,909

Si vous jetez un coup d'œil sur la carte de l'Algérie,
vous voyez ces dix routes, classées comme routes nationales, dessiner deux lignes maîtresses partant d'Alger et
se dirigeant : l'une vers la frontière de Tunisie par Sétif,
Constantine et Tebessa, et l'autre vers la frontière du Maroc
par Blidah, Affreville, Orléansville, Relizane et Tlemcen. Ces artères principales envoient vers le Sud des branches qui se prolongent jusqu'à Biskra, Bouçaada, Laghouat
et Géryville dans les premières oasis du Sahara, tandis
qu'au Nord d'autres branches rattachent au réseau les ports

de Philippeville, de Bougie, de Mostaganem, d'Arzew et d'Oran. En Algérie, comme en France, sont classées comme routes nationales les routes entretenues exclusivement aux frais de l'État. Les routes départementales entretenues par les départements, les chemins de grande voirie et l'écheveau déjà assez compliqué des voies d'ordre inférieur se placent dans les mailles formées par le croisement des routes nationales. Achevées et à l'état d'entretien sur 70 p. 100 de leur longueur, ces dernières présentent encore de grandes lacunes dans les régions où la colonisation n'est pas encore assise, la zone des hauts plateaux et les abords du Sahara. Néanmoins les voitures circulent sur toute l'étendue du tracé, non sans difficulté. Entre les 653 kilomètres indiqués comme voies ouvertes aux voitures et les 217 kilomètres de simples pistes, la différence n'est pas grande. La ligne des poteaux télégraphiques marque la direction du tracé ; mais les voitures serpentent à droite et à gauche, suivant les facilités de la saison. Les conducteurs vous parlent bien des fois en chemin de la recherche de routes nouvelles, moins difficiles, de côté et d'autre du tracé officiel. Bien des fois, pendant mes pérégrinations, il m'est arrivé de voir inviter les voyageurs à descendre de la diligence afin d'aider à pousser aux roues sur les chemins dont l'empierrement laisse encore beaucoup à désirer. En hiver aussi, quand les torrents grossis subitement par des pluies excessives vous barrent le passage, il vous arrive d'être arrêté la nuit en rase campagne et d'attendre plusieurs jours que l'écoulement de l'eau vous laisse continuer le voyage. Émotions et incidents inconnus maintenant dans nos courses à travers la France, où pourtant le bon La Fontaine nous montre encore de son temps les mauvais chemins où

> Six forts chevaux tiraient un coche,
> L'équipage suait, soufflait, était rendu.

Les routes départementales et le reste du réseau de la

grande voirie, quoique moins avancés que les routes nationales, donnent cependant satisfaction aux besoins. On commence par achever les routes aux abords des villes, puis
on continue le travail à distance, dans la mesure des crédits disponibles. Ces crédits sont trop limités pour impri-
mer aux travaux toute l'activité désirable. Pour l'alimentation de leur budget, les départements algériens ont pour
toute ressource la moitié du produit net des impôts arabes :
somme qui s'est élevée au dernier exercice à 6,600,000
francs pour les trois départements ensemble. Avec cette
somme il ne faut pas seulement pourvoir à l'entretien obli-
gatoire des routes départementales et aux subventions pour
les chemins d'intérêt commun et de grande communication, mais encore aux autres services portés sur les bud-
gets départementaux de la métropole, y compris l'assistance
des orphelins et des aliénés. Les ressources disponibles
pour les chemins de grande communication et d'intérêt
commun, tous subventionnés par les départements et ad-
ministrés par eux, sont complétées par un prélèvement
sur le produit des prestations des communes intéressées.
Sur un budget total de 30,205,000 francs pour les services
dépendant directement du gouvernement de l'Algérie, il
y a cette année 17,027,926 francs pour dépenses en faveur
des travaux publics, qui se décomposent comme suit :
2,470,699 francs, travaux de colonisation; 6,057,227 francs,
travaux publics ordinaires ; 3,500,000 francs, travaux
extraordinaires ; 5,000,000 de francs, garantie aux chemins
de fer.

Aujourd'hui, les principaux obstacles pour les voies de
communication sont franchis dans toutes les directions.
Rien de ce qui reste à faire, tant au point de vue des difficultés à vaincre qu'à celui des dépenses à effectuer, ne
coûtera ce qui a été fait pour les routes aux passages déjà
exécutés dans les gorges de la Chiffa, dans l'Isser et aux
Portes-de-Fer ; dans l'Oued-Agrioun et au Chabet-el-Akra,

entre Bougie et Sétif. Même sur les routes à terminer encore, les principaux ponts et la plupart des grands ouvrages d'art sont terminés. Dans l'intervalle de dix années, entre mon premier voyage en Algérie et mes dernières courses, les progrès réalisés sont très-considérables. Telles routes, où pendant l'hiver les roues des diligences s'enfonçaient jusqu'aux essieux et où les voyageurs devaient à tout moment descendre de voiture pour la dégager, présentent maintenant une chaussée parfaitement entretenue. En France, la dépense moyenne de premier établissement des routes nationales atteint 24,000 francs par kilomètre ; le prix des routes départementales, 15,000 francs. C'est donc un capital de 70 millions de francs que l'État a consacré à la construction des chemins de la colonie.

Commencé en 1860, le réseau des chemins de fer algériens présente actuellement une longueur de 1,282 kilomètres en exploitation. D'après le classement du 13 juillet 1879, le réseau des voies ferrées d'intérêt général se compose ou doit se composer d'un tronc central allant de la frontière du Maroc à Tunis, avec une quinzaine de branches ou de ramifications secondaires, d'aboutissants à la mer et de pénétration à l'intérieur. Le tronc central partant de la frontière du Maroc, passera par Tlemcen, Aïn-Temouchent, Oran, Sainte-Barbe-du-Tlélat, Relizane, Orléansville, Affreville, Haouch-Moghzen, Berrouaghia, Bordj-Bouira, Beni-Mansour, Sétif, Constantine, Guelma, Duvivier, Souk-Ahras, sur la frontière de Tunisie. Les quinze rameaux classés en 1879 doivent relier Tlemcen à Sebdou ; Aïn-Temouchent à Beni-Saf ; Sainte-Barbe à Magenta par Sidi-bel-Abbès ; Perregaux au port d'Arzew et aux plateaux de Saïda avec embranchement sur Maskara ; Relizane au port de Mostaganem et à Tiaret ; Orléansville à Ténez ; Affreville à Alger par Oued-Djer ; Haouch-Moghzen à Alger, par le Bou-Roumi ; Bordj-Bouira à Palestro, Menerville et Maison-Carrée, avec embranchement de Menerville à Tizi-Ouzou, dans la grande Kabylie ; Beni-Mansour à Bougie ; Sétif à Bougie également par le Bou-Sellam et l'Oued-Amassine ; Constantine au port de Philippeville avec prolongement jusqu'à Biskra, par Batna ; de Oued-Zenoti à Aïn-Beida ; de Duvivier à Bône ; de Souk-Ahras à Tebessa. Voici d'ailleurs un relevé des lignes déjà exploitées :

Alger à Oran.	426 kilomètres.
Philippeville à Constantine	87 —
Sainte-Barbe à Sidi-bel-Abbès	52 —
Constantine à Sétif	156 —
Maison-Carrée à l'Alma	29 —
Bône à Constantine par Guelma.	204 —
Arzew à Saïda.	171 —
Dans la Medjerda en Tunisie.	157 —
Total	1,282 —

Les deux premières de ces lignes ont été construites par la Compagnie de Paris-Lyon-Méditerranée ; la troisième par la Compagnie de l'Ouest-Algérien ; la quatrième et la cinquième par la Compagnie de l'Est-Algérien, qui exécute en ce moment la jonction de l'Alma à Sétif, sur la ligne d'Alger à Constantine ; la sixième et la huitième par la Compagnie Bône-Guelma, la septième par la Compagnie Franco-Algérienne, qui continue le prolongement de Saïda vers le Sud de la zone des hauts plateaux, du côté de Géryville. De plus, la Compagnie de l'Ouest-Algérien est en instance pour continuer sa ligne jusqu'à Magenta, tandis que la Compagnie de l'Est-Algérien prépare l'ouverture des chantiers entre El-Guerra et Batna, étudiant en même temps les embranchements de Ti-Kester et de Beni-Mansour à Bougie. Quatre compagnies ont fait l'étude et demandent la concession des lignes de Tlemcen à Oran par Aïn-Temouchent et de Tiaret à Relizane. Deux autres compagnies achèvent les projets de jonction de Berrouaghia à la ligne d'Alger à Oran, et se présentent en concurrence pour la concession. Le projet de Ténez à Orléansville, dressé par la Compagnie de Fives-Lille, subit actuellement l'épreuve de l'enquête. Enfin, il est question de commencer aussi le tracé de Berrouaghia à Laghouat par Boghari, Taquin et Tadjemout, dont la construction s'impose à la fois pour assurer la défense militaire et pour ouvrir à la colonisation des horizons nouveaux. Une année dans l'autre, depuis 1864, on a construit 64 kilomètres, et tout indique pour l'avenir une activité plus grande.

Que si l'on demande quel peut être le résultat financier de la création des chemins de fer algériens, il faut convenir que toutes les lignes projetées ne donneront pas immédiatement un produit rémunérateur. Mais, d'une part, le bénéfice ou l'effet utile d'une voie ferrée ne consiste pas uniquement dans les dividendes fournis aux actionnaires avec son rendement et ses recettes propres : l'économie réalisée sur les transports et la plus-value des produits transportés avec son aide sont également à porter en compte. Puis, d'un autre côté, abstraction faite de la nécessité des chemins de fer stratégiques, le développement de la colonisation exige la construction de voies de communication plus faciles, plus rapides. L'exemple des États-Unis d'Amérique et de l'Australie, où quantité de chemins de fer sont exécutés pour provoquer la création de nouveaux centres de colonisation, nous en donne la preuve. En Algérie, le Gouvernement a bien fait d'assurer une garantie d'intérêt de 5 p. 100 au maximum sur les capitaux de premier établissement aux lignes concédées qui n'ont point de but industriel. Cette garantie, qui figure au budget de l'année dernière pour une somme de 5,000,000 de francs, se justifie par l'étendue des services que les nouveaux chemins sont appelés à rendre, au double point de vue de la prospérité générale de la colonie et d'une domination plus aisée du pays.

Parmi les lignes ferrées existantes, on peut distinguer trois catégories : les chemins de fer d'intérêt général, dont le tracé est établi d'avance par les ingénieurs de l'État et dont la concession est accordée par une loi avec une garantie d'intérêt portant sur un capital limité, conformément aux conventions déjà passées avec les grandes compagnies françaises ; — les chemins d'intérêt local qui peuvent être concédés sur la proposition des conseils généraux, avec une subvention ou une garantie accordée par le département, en vertu de la loi du 12 juillet 1863, qui réserve au Gouvernement de la métropole le droit d'autoriser les travaux ; — les lignes d'exploitation industrielles qu'une compagnie peut exécuter sans garantie d'intérêts ni de subvention, mais en échange d'un droit d'exploitation agricole, forestière ou minière, que l'État juge convenable de lui accorder. Comme lignes d'exploitation industrielle, nous avons le chemin de fer d'Arzew à Saïda construit par la Compagnie Franco-Algérienne, en échange du droit d'exploitation de l'alfa sur une superficie de 300,000 hectares. L'alfa ou le sparte, qui pousse spontanément dans la zone des hauts plateaux, est une plante ligneuse qui sert à la fabrication du papier. On en a exporté en 1873 par les ports d'Arzew et d'Oran 45,000 tonnes, en 1874 plus de 58,000 tonnes.

Les lignes de Bône à Guelma et du Tlélat à Sidi-bel-Abbès ont été construites comme chemins d'intérêt local. Les chemins de fer d'Alger à Oran et de Constantine à Sétif sont classés comme lignes d'intérêt général. Ces deux dernières lignes, exploitées par la Compagnie de Paris-Lyon-Méditerranée, ont donné, pour l'exercice de 1875, un produit brut de 6,180,143 francs contre une dépense de 4,551,166 francs, soit un rendement net de 1,629,776 francs, ou 4,177 francs par kilomètre. La ligne de Philippeville à Constantine a transporté, pendant la même année, 124,222 tonnes de marchandises, 181,956 voyageurs, 8,411 têtes de bétail ; la ligne d'Alger à Oran 225,006 tonnes de marchandises, 672,906 voyageurs, 42,987 têtes de bétail. Ce sont les céréales qui occupent le premier rang pour l'importance des transports. Le prix moyen de transport s'est élevé à 8 centimes par tonne kilométrique en petite vitesse sur la ligne d'Alger à Oran, à 16 centimes sur la ligne de Constantine à Philippeville.

En somme, le développement des voies de communication de l'Algérie se recommande par un intérêt à la fois politique et économique, par les exigences du commerce et de la défense du territoire. Les faits acquis s'accordent à démontrer que les sacrifices imposés à l'État pour la construction des chemins de fer et des routes se compensent dans un avenir rapproché par une économie proportionnée sur les dépenses militaires. Considérons seulement, à titre d'exemple pour notre thèse, cette ligne d'Alger à Laghouat, qui se présente comme première étape du chemin de fer transsaharien et qui fixe l'attention publique par suite des troubles récents fomentés de ce côté par le fanatisme musulman. La route nationale d'Alger à Laghouat s'arrête actuellement aux environs de Bougzoul, à moitié chemin du terme. Au delà, sur une longueur de 230 kilomètres, son tracé est à peine indiqué par une piste et par une ligne de poteaux télégraphiques. Cette piste est tour à tour détrempée par les pluies ou interrompue par des dunes de sable, tellement que la voiture chargée du service des messageries exige un attelage de 6 chevaux vigoureux, que les charrettes de roulage y marchent lentement, avec un attelage de 9 colliers pour une charge de 5,000 kilogrammes ou de 20 bordelaises. Sur une route en bon état, un cheval ordinaire tire sans peine un chargement de 1,500 kilogrammes, avec un parcours journalier de 40 kilomètres en 8 heures de marche. Avant l'emploi des charrettes, les transports entre Laghouat et Boghar se faisaient à dos de chameaux. J'ai encore vu, tout récemment, les chameaux servir au transport de l'alfa sur les chantiers des hauts plateaux. C'est un curieux spectacle que celui de ces convois de chameaux cheminant lentement et en longues files à travers les champs d'alfa, étendus à perte de vue comme l'immensité de la mer, regardant d'un œil surpris les cavaliers qui passent plus pressés, broutant par-ci par-là une touffe d'herbe coriace, restant des jours entiers sans boire sous un ciel de feu, patientant toujours, plus endurants et plus sobres que toute autre bête de somme.

La charge d'un chameau non attelé, pour en revenir à notre statistique comparée des transports, ne s'élève pas en moyenne au-dessus de 150 kilogrammes. Un cheval de roulage, par contre, traîne sur char un poids quadruple sur de mauvais chemins, voire dix fois le chargement d'un chameau sur une route à l'état d'entretien. Mais ce n'est pas tout, car autant la facilité du transport sur chaussée l'emporte sur le transport sans chemin, autant le cheval attelé présente d'avantages sur le chameau chargé à dos, autant le chemin de fer est supérieur à la route ordinaire pour la vitesse et le bas prix. Le prix de transport, par tonne et par kilomètre, sur une voie ferrée coûte de six à dix fois moins que sur char de roulage, la locomotive pouvant amener de plus en un jour des corps de troupes qui mettent 21 journées d'étapes d'Alger à Laghouat, avec des fatigues et des privations ordinairement d'autant plus pénibles que la colonne en mouvement est plus nombreuse. Ces comparaisons, le simple énoncé de ces chiffres, mettent en évidence et font ressortir l'avantage d'un réseau de bonnes voies de communications et l'importance capitale des chemins de fer, grâce auxquels les mêmes soldats peuvent apparaître en dix points différents dans l'espace de temps nécessaire pour parcourir la même distance à pied ou à cheval une fois seulement. Oui, un réseau complet de bonnes voies ferrées assurera mieux la domination française et la tranquillité de l'Algérie que des forteresses et il permettra des réductions considérables sur l'effectif de l'armée d'occupation, réductions assurant de grandes économies d'argent sur le budget militaire de la France.

III.

AMÉNAGEMENT DES EAUX.

Dans un pays du soleil comme l'Algérie, la prospérité des cultures dépend beaucoup d'un bon aménagement des eaux, dont le rôle pour la production est peut-être plus important et prime celui des voies de communication. Or, actuellement, les eaux sont en général insuffisantes, même dans le Tell et dans la zone du littoral. Le climat de la contrée paraît avoir été plus humide dans l'antiquité, jusqu'à l'époque romaine. Quoi qu'il en soit de la sécheresse actuelle, si on le veut, on pourra augmenter beaucoup dans la colonie l'étendue des terrains irrigués ou irrigables. Pour cela, il suffit de multiplier les retenues d'eau dans les vallées au moyen de barrages-réservoirs et de construire des barrages de dérivation sur les rivières, sans négliger d'ailleurs les travaux de desséchement sur les points où s'accumulent les eaux nuisibles. Si, à l'époque des invasions arabes, le déboisement par les incendies a eu pour effet de rendre le climat du nord de l'Afrique plus sec, des marais se sont formés en même temps partout où un marais était possible. Les débordements des rivières et les eaux pluviales accumulées sans issue ont engendré des lacs qui ont rivalisé d'insalubrité avec les marécages sur des milliers d'hectares. Ce mal prit des proportions effrayantes aux environs d'Alger et près de Bone. Dans la Mitidja, les marais commençaient à la Maison-Carrée, en vue d'Alger, à deux pas des villas de plaisance du dey, pour se suivre, presque sans interruption, au pied du Sahel jusqu'au lac Halloula, près du Tombeau de la Chrétienne, sur une longueur de 60 kilomètres.

Du côté de Bone, la contrée était inhabitable depuis les portes de la ville jusqu'au lac Fetzara, beaucoup de gens mourant à l'intérieur de Bone comme à la campagne de fièvres paludéennes. Avant de construire les réservoirs pour les irrigations, il importait de commencer des travaux de desséchement pour assainir la contrée. Les Arabes, insouciants et paresseux, n'ont absolument rien fait pour l'assainissement, pas plus qu'ils n'ont songé à donner à la culture les parties les plus fertiles du territoire envahi par des marécages. Depuis trente ans, par contre, les Français poursuivent avec activité les travaux de desséchement. Ils ont assaini et mis en culture non-seulement la Mitidja et les environs de Bone, mais encore les marais entre Philippeville et Constantine, la basse plaine de la Soummam près de Bougie, les bords du Chélif sous Milianah, au débouché de l'Oued-Boucan, l'Oued-el-Hachem près de Cherchell, les plaines de l'Habra, le lac des Charabas et Brédéah dans la province d'Oran. Tous les résultats obtenus sont considérables et dignes d'attention. Les membres de l'Association pour l'avancement des sciences, venus en si grand nombre au congrès d'Alger, ont pu admirer les belles cultures de la Mitidja. Ils ont vu, dans la zone même des marécages de l'époque des deys, la charmante ville de Boufarik, gaie, saine, florissante, aux marchés si riches et si curieux, conservant dans sa prospérité actuelle le souvenir seulement de la désolation qui régnait autrefois sur son territoire. La prospérité actuelle de la banlieue de Bone est également notoire, et, d'un autre côté, la jeune cité d'Affreville s'étend au pied des montagnes de Milianah, sur les bords désolés naguère par les fièvres où les colons ont longtemps redouté de s'établir. Les plus belles cultures maraîchères se trouvent maintenant dans les cantons palustres améliorés par les travaux de desséchement et de drainage.

Paris et Berlin reçoivent leurs primeurs des maraîchers de la Mitidja, où les terres convenablement arrosées donnent jusqu'à quatre récoltes de légumes et de pommes de terre dans le courant d'une seule année. Les travaux d'irrigation et les retenues d'eau marchent ou peuvent marcher de pair avec les travaux de desséchement, grâce à une loi de 1851 qui met, dans la colonie, les eaux dans le domaine de l'État, sous réserve, bien entendu, des droits de propriété et d'usage antérieurement acquis. La répartition de l'eau provenant des sources et des rivières peut être réglée au mieux dans l'intérêt général, tandis que la construction des réservoirs, des barrages de dérivation et de l'établissement des canaux d'irrigation est facilitée. Plusieurs de ces ouvrages sont de véritables monuments. Citons les réservoirs de l'Oued-Hamiz et du Sig, la dérivation du Chélif, près d'Orléansville, celle de la Mina, près Relizane. L'administration a fait établir un remarquable réseau de canaux d'irrigation sur les rives de l'Harrach, sur les bords de la Chiffa, dans les plaines de l'Oued-el-Kébir, de l'Oued-Djemma, du Rummel, du Bou-Chemla, de l'Hilhil. A elle seule, la dérivation du Chélif doit répandre par seconde 1,500 à 2,000 litres d'eau sur une superficie de 3,000 hectares de terres fertiles, mais trop souvent en proie à la sécheresse avant ces travaux.

Les barrages-réservoirs ont pour but de retenir en temps de pluie les eaux surabondantes ou dangereuses pour les utiliser pendant la saison sèche. Imitant l'exemple des anciens Maures d'Espagne, un officier du génie, M. de Malglaive, qui a laissé des marques de son intelligente initiative sur beaucoup de points de la province d'Alger, construisit en 1851, dans les gorges de Meurad, au-dessus de Marengo, le premier réservoir d'eau de l'Algérie. Cet ouvrage, haut de 20 mètres, est encore en terre mêlée de maçonnerie seulement du côté d'amont, comme une partie des barrages-réservoirs construits pour l'alimentation de la ville de Manchester, en Angleterre. Ses bons effets amenèrent quelques années plus tard la construction du réservoir du Sig, dans la province d'Oran. Un chef d'industrie alsacien, M. Herzog, désireux de stimuler en Algérie la culture du coton, lors de la guerre d'Amérique, en 1863, proposa l'exécution d'ouvrages semblables sur l'Habra, la Tafna, le Saf-Saf, l'Isser, la Mekerra, le Rhiou, la Djedjiouia, la Mina : huit bassins hydrographiques d'une étendue de 2,000,000 d'hectares susceptibles de donner avec une dépense de 15,000,000 de francs des irrigations suffisantes pour 200,000 hectares de terres. L'administration des ponts et chaussées fit préparer, sous la direction de M. Aucour, aujourd'hui inspecteur général, les projets de réservoirs signalés par M. Herzog. La pénurie du coton déterminée par la guerre de la Sécession aux États-Unis, aurait certainement amené la prompte réalisation de tous ces projets. Mais le rétablissement de la paix en Amérique rendit à l'industrie cotonnière ses anciens foyers d'approvisionnement pour sa matière première. Avec l'abandon de la culture du coton en Algérie, les capitaux indispensables pour l'exécution de tout l'ensemble du système de réservoirs projetés pour la province d'Oran prirent une autre direction. On n'a encore achevé de ce côté que le barrage-réservoir de l'Habra et celui de la Djedjiouia, auxquels s'ajoute le barrage de l'Oued-Hamiz, dans la province d'Alger ; puis les réservoirs plus anciens et déjà existants du Sig et du Tlélat, de la Tabia et de Marengo, les dérivations du Chélif, du Sly, de la Chiffa, de l'Harach, de l'Oued-el-Hachem, de l'Oued-Djemma, de l'Oued-Beni-Aza, de l'Oued-Fodda, de l'Oued-el-Haminim, dans la province d'Alger ; de l'Oued-bou-Merzoug et du Rummel, dans la province de Constantine ; du Raz-Mouillah, de l'Oued-Tabria, de la Mekerra, de la Mina, de l'Hilhil, de l'Oued-Isser, de l'Oued-Sef-Sef, dans la province d'Oran.

Quelques détails techniques sur le barrage-réservoir de l'Oued-Hamiz, dont la construction s'achève en ce moment, seront ici à leur place. Ce réservoir, d'une capacité inférieure à celle du bassin de l'Habra, permettra une retenue de 15 millions de mètres cubes. C'est beaucoup, comparativement aux petits réservoirs des Vosges d'Alsace, dont aucun ne retient plus de 2 millions de mètres cubes. L'Oued-Hamiz arrose la plaine de la Mitidja. Une partie de ses eaux peut être utilisée pour les irrigations sans travaux de retenue. Néanmoins le gouvernement de l'Algérie vient de construire aux frais de l'État un grand barrage en maçonnerie pleine dans les gorges des montagnes, à 30 kilomètres de la mer et à 7 kilomètres au sud de Fondouk, point où le torrent débouche dans la plaine, non loin de la route de Blidah à l'Alma. Le bassin d'alimentation du réservoir mesure une superficie de 14,000 hectares, en regard de 95 hectares admis pour la surface du réservoir plein. La configuration du sol permet de répartir aisément les eaux retenues sur tout l'espace de la plaine comprise entre le Hamiz, l'Oued-Djemma, le Harach et le Boudouaou, soit une aire de 40,000 hectares et plus. Toute cette surface pourtant ne pourra être arrosée avec les eaux tenues en réserve. Déjà les déperditions dues à certaines causes réduisent d'un cinquième au moins le volume utilisable : on compte au plus sur 11 millions de mètres cubes, au lieu de 15 millions retenus, pour être réellement répandus sur les terres cultivées en luzerne, en maïs ou en tabac. Les plantations d'orangers et les cultures maraîchères profiteront aussi des arrosages. Ces diverses cultures exigent en moyenne six arrosages par saison, du mois de mai au mois d'octobre, à raison de 500 mètres cubes à chaque arrosage. Cela réduit à 4,000 hectares au plus l'étendue susceptible d'être irriguée d'une manière complète. Mais comme, dans beaucoup de cas, les irrigations, au lieu d'être complètes, se bornent au cinquième ou au sixième, la zone des irrigations comprendra 12,000 à 15,000 hectares sur la rive gauche, et 8,000 à 10,000 hectares sur la rive droite du Hamiz, dans la partie supérieure de la plaine. Avec des arrosements complets, on obtient dans la plaine de Valence, en Espagne, jusqu'à onze coupes de luzerne en une seule année.

Le barrage de l'Habra, dont la rupture, lors des récentes inondations de la province d'Oran, au mois de décembre dernier, vient de causer un si grand émoi, pouvait servir à l'irrigation de 24,000 hectares et coûta plus de 4,000,000 de francs contre 2,400,000 fr. dépensés pour le réservoir de l'Oued-Hamiz. Sur les 2,400,000 fr. dépensés de ce côté, il y a eu 1,800,000 fr. pour la construction même du barrage et 600,000 fr. pour l'établissement des canaux d'irrigation. La construction est faite en maçonnerie de moellons avec mortier hydraulique. Le profil du barrage de l'Hamiz est établi sur le type adopté au barrage du Ban, pour une pression de 8 kilogrammes par centimètre carré de surface. Le massif des fondations, arasé au niveau du fond de la rivière, présente 35 mètres dans le sens du fil de l'eau, 40 mètres de largeur et une épaisseur moyenne de 5 mètres. Sur la plus grande partie de son épaisseur, il est encastré dans une fouille creusée dans des schistes très-durs. Le corps du barrage, qui mesure 40 mètres de développement au niveau du socle des fondations, présente 167 mètres à la crête, avec 35 mètres de hauteur d'eau. Les parapets formant le couronnement dépassent le niveau de l'eau de 3 mètres au déversoir. Ce déversoir est taillé dans la berge de la rive droite, au niveau de la retenue, afin de livrer passage aux crues excessives. Deux galeries ménagées dans la partie centrale de l'ouvrage servent à curer le fond du bassin au moyen de chasses. Elles sont parallèles, séparées par un intervalle de 12 mètres avec leurs seuils établis à $3^m,8$ en contre-haut du socle des fondations. Au même niveau que ces seuils, sont établis les tuyaux de prise d'eau en fonte, au nombre de quatre, deux à droite et deux à gauche de la partie centrale des galeries de curage. Chaque tuyau a $0^m,80$ de diamètre. Les baies de sortie des eaux d'irrigation et des galeries de curage forment, avec celles des chambres de manœuvre qui les surmontent, l'unique décoration de la

partie inférieure de l'ouvrage. Au-dessus du soubasse-
ment contenant ces divers orifices, le parement est formé,
jusqu'au couronnement, de moellons ordinaires disposés de
manière à présenter l'apparence d'une grossière mosaïque.
Au couronnement, il y a un parapet soutenu par une sorte
de voûtelette en plein cintre, fortement en saillie sur le
parement nu du barrage.

Quoique construit sans aucune espèce de luxe, ce bel
ouvrage n'en présente pas moins un aspect imposant par
sa simplicité même comme par la grandeur de ses dimen-
sions. Son architecture, quelque peu rustique, mais de
robuste apparence, où la pierre de taille figure seulement
dans l'encadrement des baies ou le couronnement des
murs, s'harmonise bien avec le caractère sévère du paysage
environnant. On regrette de ne pas y voir plus de verdure
et quelques allées d'arbres, comme les jolies promenades
qui donnent tant d'agrément aux réservoirs du Lampy et
de Saint-Ferréol, les alimenteurs du canal du Midi. A tous
les points de vue, le réservoir du Hamiz, comme celui de
l'Habra, mérite l'attention du voyageur. Plus grandiose
que le barrage de l'Oued-Hamiz, le barrage de l'Habra
vient de subir un accident dont l'effet compromettrait fort
la création de nouveaux réservoirs, si l'accident ne résul-
tait d'un vice de construction et de fissures auxquels on
aurait pu porter remède avec un peu de précaution. La né-
gligence injustifiable de la compagnie financière, propriétaire du barrage, est la seule cause de cet accident.

Des pluies excessives, survenues après une sécheresse
prolongée, viennent de faire déborder, dans le courant du
mois de décembre, toutes les rivières de la province d'Oran.
A l'occasion de ces crues, le barrage de l'Habra s'est
rompu dans sa partie supérieure sur une hauteur de 12
mètres et une longueur de 100 environ, causant de grands
dégâts dans les centres de colonisation en aval, particulièrement à Perregaux. Le développement total du barrage,

d'une rive à l'autre de la vallée, ne mesure pas moins de
325 mètres, plus 120 mètres de déversoir. La capacité de
retenue était de 30 millions de mètres cubes, pour une
hauteur d'eau de 34 mètres au-dessus du fond de la vallée. J'ai eu l'occasion de décrire cet ouvrage, au retour de
mon second voyage en Algérie, dans un recueil scienti-
fique, *la Nature*, année 1878, onzième volume, page 300,
où j'ai appelé l'attention sur une fissure, presque imper-
ceptible, « à peine assez marquée pour laisser passer la
pointe d'un canif », survenue dans un angle du mur, à 30
mètres de la rive droite. Cet angle rentrant avait été adopté
dans la construction pour raison d'économie, afin de ne pas
être obligé de faire pénétrer trop profondément dans le
flanc de la montagne la maçonnerie, en raison du plonge-
ment des couches de grès de la rive sur lesquelles devait
s'appuyer le mur. Dans la notice en question, je n'ai pas
manqué de marquer la nécessité de surveiller bien atten-
tivement la fissure produite dans l'angle du mur, deman-
dant bien s'il ne serait pas prudent de renforcer cette paroi
au moyen d'un contrefort établi en avant? Le mur du barrage présente à sa base une risberme large de 3 à 4 mètres. Il repose sur un massif de maçonnerie de 38 mètres
d'empattement, lui-même appuyé sur un massif général
en béton, par la raison que la fondation doit être établie
sur le roc solide, en place, qui affleure seulement à 7 ou
8 mètres au-dessous du niveau de la rivière. A 6 mètres
du couronnement, le mur a $4^m,50$ de large, puis de la cote
27 à la cote de 18 mètres au-dessus de 0, le fruit du parement est de 0,54 par mètre celui du parement amont 0,05
pour atteindre 0,63 en aval et 0,28 en amont jusque vers
la base.

L'épaisseur du mur diminue ainsi de bas en haut et
atteint de 8 à 9 mètres à la hauteur de la partie rompue,
contre 38 mètres à la base. Sans aucun doute, les répara-
tions indiquées ci-dessus, faites en temps voulu, auraient

prévenu l'accident que nous déplorons et qui a causé tant de mal.

Est-ce à dire que la brèche faite au barrage de l'Habra aura pour conséquence d'arrêter la construction de nouveaux réservoirs? Nous ne le pensons pas plus qu'un accident ou un déraillement de chemin de fer empêche les voyageurs de remonter dans un nouveau train. Seulement, l'expérience acquise démontre une fois de plus quelles précautions minutieuses sont à prendre et quels soins exigent les constructions de cette nature. En Espagne, une quantité de grands réservoirs construits par les Maures résistent encore parfaitement après plusieurs siècles d'existence, presque sans entretien. Tout se réduit donc à exécuter des constructions convenables et conformes aux données de la science. Pour en revenir à l'Habra, nous constatons que cette rivière subit en quelques jours des crues susceptibles de remplir tout le réservoir, avec un débit de 700 mètres cubes par seconde, comme lors des débordements du mois de mars 1872, à la suite d'une chute de pluie de 203 millimètres en cinq jours à Mascara. Son débit ordinaire en hiver est de 2,000 litres par seconde, de 500 à 600 litres en été. Les sécheresses sont fréquentes et longues dans le bassin de la rivière. Mais à certains moments la pluie tombée s'élève à 100 millimètres en 24 heures. Songez d'ailleurs à l'absence des forêts, à l'extrême dénudation du sol, et les débordements subits comme ceux dont nous venons d'être témoins n'ont plus rien qui doive étonner. Pour éviter ces débordements, il faut précisément multiplier les réservoirs qui remplissent le rôle de régulateurs dans le régime des eaux.

Un bon aménagement des eaux permettra de donner en Algérie un plus grand développement à la culture intensive. Les cultures ordinaires, avec des irrigations suffisantes, assurent aussi aux colons un rendement net de 250 à 500 francs par hectare. M. Charles Cotard a exposé ici même la valeur capitale et les effets des entreprises de cette nature avec des détails qui nous dispensent de revenir sur la question en nous fondant sur de nouvelles preuves. Rappelons cependant que, si l'aménagement des eaux doit fixer la sollicitude du Gouvernement sur toute l'étendue du territoire livré à la colonisation dans la zone du Tell, il importe aussi de multiplier au même point de vue les forages artésiens dans la zone du Sahara, tant pour faciliter les mouvements de troupes que dans l'intérêt de la culture des oasis. Dans leur langage imagé, les Arabes appellent le Sahara une *mer sans eau*. L'eau ne manque pas de ce côté d'une manière absolue, malgré l'extrême rareté des pluies. Seulement pour la trouver, il faut la chercher dans les profondeurs du sol au moyen de la sonde, comme naguère Moïse, quand il frappait de sa verge les rochers du désert pour désaltérer le peuple de Dieu. La verge miraculeuse a peut-être bien été une sorte de sonde, car le forage des puits en Afrique date de loin. Déjà les historiens arabes du moyen âge décrivent ces ouvrages. Ibn-Khaldoun parle, au xive siècle, des fontaines jaillissantes du Sahara comme d'un fait miraculeux. Mais bien avant lui, Olympiodore, qui écrivait à Alexandrie vers le milieu du vie siècle, raconte que dans son pays on a creusé des puits mesurant jusqu'à 800 coudées de profondeur. Un évêque de Tarse, Diodore, mort vers l'an 390 de l'ère chrétienne, parlant de la grande oasis située dans le désert à 40 lieues de l'Égypte, dit aussi : « Pourquoi la région intérieure de la Thébaïde qu'on nomme Oasis n'a-t-elle ni rivière, ni pluie qui l'arrose, mais n'est-elle vivifiée que par le courant des fontaines qui jaillissent du sol non d'elles-mêmes, ni par les pluies qui tombent sur le territoire et remontent par ses veines comme chez nous, mais grâce à un grand travail des habitants ? »

Plusieurs des puits jaillissants décrits par Diodore ont été curés depuis par les soins d'un chimiste français qui établit, en 1849, une fabrique d'alun dans leur voisinage. Ces puits étaient munis d'une soupape en pierre, en forme de poire qui s'adaptait au trou dont le rocher du fond était percé. La soupape attachée à une corde permettait de régler à volonté l'écoulement de l'eau, assez abondante pour arroser l'oasis environnante. Dans les oasis sahariennes, la population indigène s'applique depuis longtemps au forage de puits jaillissants. Ses procédés sont moins parfaits. Avant l'introduction des appareils de forage apportés par les ingénieurs français, les puisatiers de l'Oued-Rhir travaillaient avec plus de difficulté et descendaient moins profondément, mais ils n'en étaient pas moins bons hydrographes et ils connaissaient bien la position des nappes d'eau souterraines. A Ouargla, les habitants s'aidaient mutuellement pour ce travail. S'agit-il de creuser un nouveau puits, le propriétaire du terrain à arroser commence par faire un grand trou de 4 à 5 mètres de côté sur 3 à 4 mètres de profondeur. Ordinairement ce trou se remplit d'eau par les infiltrations superficielles. Parents et voisins du propriétaire viennent ensuite, sans rétribution aucune, aider à l'épuisement de l'excavation au moyen d'outres en peau de bouc. Quand l'eau a disparu, un échafaudage est établi sur l'ouverture du puits avec un boisage carré d'un mètre de côté, composé de troncs de palmiers enchevêtrés. L'échafaudage supporte une poulie qui fait mouvoir, monter et descendre les outres ou les paniers pour l'épuisement des nouvelles eaux d'infiltration et pour les déblais. Le boisage sert à blinder les parois et se continue, à mesure du forage, jusqu'à une profondeur de 40 mètres dans les oasis de l'Oued-Rhir, de 60 à 70 mètres dans les oasis du Beni-M'zab. Au fond du trou, le puisatier fixe les cadres du boisage et creuse avec une pioche à la clarté d'une lampe. Seul, il reçoit un salaire, avec la nourriture en sus. Maigre salaire cependant, car la taxe ne dépasse pas 30 fr. pour un puits de 35 mètres de profondeur,

40 fr. pour un puits de 42 mètres. C'est peu de chose, en considération des difficultés du travail et de ses dangers, car souvent les ouvriers sont asphyxiés par des gaz délétères, ou bien encore noyés par l'irruption soudaine des eaux jaillissantes, après la rupture d'une dernière banquette de roche dure. Même quand le flot a jailli jusqu'au niveau du sol, le travail et ses risques ne sont pas à bout. Les eaux amènent des amas de sable fin qu'il faut extraire en plongeant dans les profondeurs du puits. Aussi, les pauvres puisatiers, s'ils ne périssent pas de mort violente, sont enlevés par la phthisie à un âge peu avancé, par suite de ce pénible labeur. Et malgré cela, les corporations de puisatiers indigènes, mineurs et plongeurs, prient Allah d'écarter la maudite concurrence des infidèles qui tirent l'eau de profondeurs cinq à dix fois plus grandes, avec leurs engins perfectionnés !

Dans la zone du Sahara, où les oasis se forment partout où l'eau se montre à la surface du sol, les rivières permanentes à ciel ouvert manquent. Soit qu'ils viennent des hauts plateaux du nord, soit de l'ouest ou du massif de l'Ahaggar au sud, les courants d'eau du Sahara algérien, qui convergent vers la dépression du Chott-Melrhir ou de l'Oued-Rhir, ne tardent pas à disparaître de la surface pour pénétrer dans les profondeurs du sol à travers les couches perméables. On peut suivre sur la carte le cours de l'Igharghar, depuis son origine sur les versants des montagnes d'Ahaggar jusqu'aux environs d'Ouargla, sur une longueur de 1,000 kilomètres. Ce courant, outre ses deux branches primitives, reçoit sur sa rive droite, à travers les sables, toutes les gouttières du plateau de Tinghert et de l'immense bassin de l'Erg ; sur sa rive gauche, les eaux de Tademayt par l'Oued-Mya, celles du plateau des Chaambas par de nombreux ravins, celles du plateau des Beni-M'zab par l'Oued-M'zab, celles de l'Atlantique par l'Oued-Djeddi. Quand tous ces cours d'eau ont disparu dans les

sables, leur direction reste indiquée par des puits creusés
de distance en distance dans les dépressions du désert,
convergeant vers l'Igharghar, à travers les lacs vaseux
échelonnés depuis Ouargla jusqu'au golfe de Gabès. S'il
faut en croire d'anciennes traditions, les oasis étaient autrefois plus nombreuses, plus florissantes sur tout ce parcours. Entre Negoussa et le pays de M'zab, vous voyez
encore la monotonie du désert interrompue par quelques
touffes de palmiers, qui sont des vestiges d'oasis disparues.
L'anarchie des Sahariens et les attaques incessantes des
nomades contre les populations sédentaires plus paisibles
des oasis ont amené cette décadence. A l'administration
française incombe la tâche d'y remédier.

Lors de la soumission des districts de l'Oued-Rhir à la
domination française, le général Desvaux, campé avec sa
colonne près de l'oasis de Sidi-Rached, en 1854, fut frappé
du dépérissement de certains groupes de palmiers, tandis
que d'autres restaient sains et vigoureux. Les indigènes
expliquèrent le dépérissement de leurs plantations par le
manque d'eau, à la suite de l'effondrement et de l'ensable-
ment des puits qu'ils n'avaient pas les moyens de rétablir.
Dieu le voulait ainsi, disaient-ils. Aux croyants de se sou-
mettre, en attendant avec résignation le jour où leurs
arbres devenus stériles ne pourraient plus les nourrir.
Heureusement, les Français pensaient autrement que les
fidèles musulmans. Persuadé que le travail de l'homme
peut améliorer la nature d'une contrée abandonnée par
Allah à l'influence des forces physiques, le général Desvaux, à la suite des observations d'un ingénieur des mines,
M. Dubosq, sur les nappes d'eau souterraines, commanda
en France un appareil de forage pour procéder au plus
tôt à l'ouverture de nouveaux puits. Substituant la tarière
et le trépan à la petite pioche des puisatiers indigènes,
l'ingénieur français, aidé d'un détachement de spahis pour
mettre son appareil en mouvement, réussit à faire jaillir,

après quelques jours de travail, un flot de 4,500 litres par
minute. C'était le miracle de Moïse, tirant de l'eau du
rocher en le frappant de sa verge pendant l'exode du peuple juif à travers le désert. Cet événement excita une joie
générale. Les Sahariens affluèrent en foule de toutes parts
pour se jeter sur la source nouvelle. Les mères y baignè-
rent leurs enfants. Le vieux cheik de Sidi-Rached tomba à
genoux en voyant l'eau qui rendait la vie à l'oasis. Aussi-
tôt la création de ce puits connu, des députations des autres
oasis vinrent solliciter du commandant militaire de la province de Constantine la même faveur. Leurs suppliques
trouvèrent bon accueil. Dans la seule oasis de Touggourt,
le génie militaire ouvrit en un court délai 24 puits aban-
donnés par les puisatiers indigènes, soit à cause de la
dureté de la roche, soit par suite de l'envahissement des
sables entraînés par l'eau. En moins de huit années, de
1856 à 1864, les Zibans, l'Oued-Rhir et le Hodna furent
dotés de 72 puits artésiens creusés par les Français. En
1875, les puits forés dans l'Oued-Rhir notamment avaient
augmenté de 10 millions de litres la quantité d'eau dispo-
nible pour l'irrigation des oasis.

Chaque année de nouveaux forages s'effectuent et leur
nombre s'élève aujourd'hui à 250 au moins, dont quelques-
uns atteignent 350 mètres de profondeur, sans imposer à
l'État des charges excessives. Le prix de revient des 72
puits creusés par ordre du général Desvaux jusqu'en 1864
dans l'Oued-Rhir, le Hodna et les Zibans ne dépasse pas
290,000 fr., pour une profondeur de 3,385 mètres ensemble et un débit primitif de 66,000 litres par minute. Un
puits peut arroser suffisamment six fois autant de palmiers
qu'il débite de litres d'eau. De plus, on cultive dans les
plantations de palmiers d'autres arbres à fruits, des légumes, de l'orge. Plus de 150,000 palmiers ont été plantés
dans le sud des Zibans, grâce aux nouveaux puits. Multiplier les puits, c'est donc accroître dans une large mesure

la fortune, le bien-être des populations sahariennes. Par malheur, le débit des nappes d'eau souterraines est limité comme celui des rivières ordinaires à la surface du sol. On ne peut espérer une augmentation de ce débit correspondant à la multiplication indéfinie des forages, car sur plus d'un point, le rendement des puits anciens a diminué par le creusement de puits nouveaux. Ce qui est plus fâcheux, c'est que sur certains points les Arabes ont bouché les puits artésiens en temps d'insurrection, de même qu'ils mettent le feu aux forêts et allument ces immenses incendies auxquels tout le nord de l'Afrique doit són aridité actuelle.

IV.

RESTAURATION DES FORÊTS.

Avant les invasions arabes, l'Algérie, comme tout le nord de l'Afrique, avait un climat moins sec que maintenant. Les figures sculptées signalées par les voyageurs sur les chemins du Fezzan à Rhât, à Telizzarghen, à Aghabar-Amân-Semmiden, comme celles découvertes récemment dans la région de l'Oued-Dhra'a, au Maroc, s'accordent à prouver, avec d'autres faits, l'existence de pluies naguère plus abondantes que celles qui alimentent maintenant les cours d'eau du pays. Ces sculptures représentent des animaux, parmi lesquels on reconnaît, malgré la grossièreté du dessin, l'éléphant, le rhinocéros, le cheval, la girafe, l'autruche, la grue. Leur origine paraît remonter à une même époque, et les hommes qui les ont gravées sur les rochers, il y a bien longtemps, doivent avoir eu sous les yeux les êtres dont elles reproduisent les traits. Pline signale d'ailleurs, aux livres V et VIII de son *Histoire naturelle*, l'existence de l'éléphant en Mauritanie. On sait aussi que le roi Juba fit déposer et conserver vivant dans le temple d'Isis, à Cherchell, un crocodile pris dans une rivière de la Berbérie. A la même époque, le bœuf était la bête de somme par excellence des Garamantes, sur la route commerciale du Fezzan au Haoussa. Or, la présence de troupeaux d'éléphants et de rhinocéros exigeait une végétation susceptible de nourrir ces animaux, et par conséquent, un climat plus humide. Nous rencontrons dans les terrains d'alluvion relativement récents de l'Algérie, les ossements de l'éléphant représenté sur les rochers du Sous, associés avec des restes de buffles et d'hippopotames, en sorte que les faits géologiques s'accordent avec les monuments de l'art pour montrer des changements climatériques considérables survenus dans la contrée sous les yeux et en présence de l'homme. Lorsque ces espèces animales vivaient dans le Sahara, il y avait une riche végétation, des rivières aux eaux abondantes maintenant taries. Alors l'Igharghar et le Djeddi, dont les flots réunis formaient le Rir de Ptolémée, le Niger des géographes romains, se déversaient dans la dépression du Chott-Melrhir et dans les lacs de la Tunisie, où le commandant Roudaire a proposé de créer sa mer intérieure. Sans contredit, les millions demandés pour la mer intérieure trouveront une application plus utile, plus fructueuse dans le reboisement des montagnes, non moins nécessaire pour l'amélioration du régime des eaux, au profit de la culture, que la construction des réservoirs et des barrages de dérivation.

Que le déboisement gâte le régime des eaux, nous en voyons des exemples frappants en France et en Espagne, sans prendre la peine de passer sur la rive africaine de la mer Méditerranée. L'extrême sécheresse des montagnes du midi de l'Espagne et les inondations périodiques qui désolent ses campagnes sont la conséquence de la destruction des forêts. Partout où les forêts disparaissent, les pluies perdent leur ancienne régularité, l'écoulement des eaux s'opère brusquement, les sources tarissent. En Algérie, d'après les observations du service météorologique organisé par Charles Sainte-Claire-Deville, et dirigé aujourd'hui par l'administration du génie militaire, les pluies les plus

rares, les moins abondantes, correspondent aux régions
déboisées. Nous avons indiqué plus haut l'élévation des
quantités de pluie annuelle dans les principales zones du
pays. En regard de ces hauteurs de pluies, qui varient de
1,200 à 200 millimètres et moins par année, nous constatons une évaporation de 1,100 millimètres à Constantine,
de 1,260 millimètres à Alger, de 2,300 millimètres à Biskra. La quantité d'eau évaporée à la surface des bassins
soumis à l'observation dépasse donc de beaucoup la hauteur annuelle des précipitations. Cela ne veut pas dire
assurément qu'en Algérie l'eau enlevée au sol est plus
abondante que l'eau tombée ; mais que la terre ne reçoit
pas la quantité d'eau nécessaire pour la réussite des cultures.

Cette année même, les récoltes ont manqué dans une
grande partie de l'Algérie par suite de la sécheresse.
Je n'oublierai jamais le triste aspect du bassin du Chelif,
où les terres ensemencées de blé étaient complétement à
nu au mois d'avril dernier, comme brûlées par le soleil. Au
lieu de l'approche de la moisson, on se serait cru à l'é-
poque des semailles, sans un brin d'herbe dans les sillons,
tant les champs étaient dépouillés, alors cependant que
quelques pièces de terres arrosées par des sources, dans
les dépressions au bord de la rivière, présentaient du fro-
ment de la plus belle venue.

La pluie, en temps ordinaire, n'est pas assez abondante
ici par rapport à la chaleur et surtout de la sécheresse à
proximité de la zone des plateaux. Dans une notice nourrie
de faits et pleine d'intérêt sur l'état de l'agriculture en
Algérie, MM. Marès et Rivière attribuent, comme tous les
observateurs attentifs, l'insuffisance des pluies et leur irré-
gularité à la destruction des forêts. « La nécessité de se
procurer des herbages, disent ces deux agronomes, une
profonde incurie, un manque complet de prévoyance, ont
amené chez les Arabes l'habitude d'incendier les forêts et

les broussailles vers la fin de l'été ; ils obtiennent ainsi au printemps une herbe verte et de jeunes pousses d'arbres dont leurs troupeaux sont friands. Les indigènes ont conservé encore sous notre domination, cette profonde incurie pour leurs animaux et la funeste coutume de mettre le feu. Ce système d'incendier a non-seulement détruit les forêts, mais sur certains points il a profondément dégradé le sol en favorisant la production des ravinements par les grandes pluies d'hiver. C'est ainsi qu'a été peu à peu dénudée, malgré les puissants efforts de la nature, cette belle contrée que l'histoire nous montre ombreuse et parée des plus beaux arbres. »

La statistique officielle évalue à 2,257,000 hectares l'étendue des forêts de l'Algérie, soit un vingt-cinquième environ de la superficie totale du territoire. Sur ce total de 2,257,000 hectares, il y a 451,000 hectares pour la province d'Alger, 681,000 pour la province d'Oran, 1,125,000 pour la province de Constantine, présentant ensemble quant aux diverses essences 813,000 hectares de pins communs, 605,000 hectares de chêne vert, 228,000 hectares de chêne-liége, 62,000 hectares de chêne zen, 42,800 hectares de cèdres, 24,000 hectares de thuya, 337 de pin maritime, etc., etc. A l'exposition du concours agricole de cette année à Alger, nous avons pu constater la richesse des productions forestières de la colonie. Par richesse, nous entendons exprimer la variété et la beauté des produits que les bois de l'Algérie sont susceptibles de fournir à l'industrie. Il y a des forêts et des arbres magnifiques à la base et dans les vallées qui découpent les différents massifs montagneux sur le versant méditerranéen de la région des hauts plateaux. Ces forêts rentrent dans une zone partant de l'Atlas marocain et passant par Sebdou, Tiaret, Teniet-el-Had, Boghar, Aumale, Sétif, pour toucher la mer de Philippeville à La Calle. Ne pensez pas cependant que toute l'étendue de 2,257,000 hectares assignée à la superficie forestière de l'Algérie se compose de haute futaie. De vastes surfaces désignées comme forêts ne présentent en réalité souvent que des broussailles, particulièrement le long du littoral, sous l'effet des incendies et du pâturage. Dans l'intervalle des années 1860 à 1872, les incendies ont détruit en Algérie 250,000 hectares de forêts. Rien que dans l'année courante, 35 grands incendies, attribués à la malveillance pour la plupart, ont parcouru 70,000 hectares environ de superficie boisée, avec une perte sèche de 3,500,000 fr. au moins. En 1879, on a compté 218 incendies de forêts, ayant parcouru une superficie de 17,663 hectares, avec un dommage de 665,000 fr. Favorisé par la sécheresse, le feu mis aux broussailles sur la fin de l'été par malveillance ou par incurie se propage avec une vitesse effrayante. Un homme lancé au galop y échappe souvent avec peine, et bien des fois la flamme saute d'un bois à l'autre par-dessus des surfaces de terrains libres à des distances de 100 mètres et même plus. Et si nous voyons encore de ces incendies immenses, malgré la surveillance de l'administration française, quels ravages n'a pas dû faire le feu dans les forêts du pays sous la domination musulmane, dont l'incurie n'a eu aucun correctif !

Presque tous les arbres du versant méditerranéen de l'Algérie se retrouvent en France, à de rares exceptions près. Citons notamment le chêne-liége (*Quercus suber*), le chêne vert (*Quercus ilex*), le pin d'Alep, le frêne (*Fraxinus oxyphylla*), l'orme, l'olivier, le peuplier blanc, le micocoulier, l'azerolier. Parmi les espèces non européennes, il y a le cèdre, le thuya, l'eucalyptus. Sur 32 espèces de végétaux arborescents signalées jusqu'à présent dans la zone des montagnes, 6 ne croissent pas spontanément en Europe, et la moitié des espèces montagnardes ne descendent pas au-dessous de 1,000 mètres d'altitude. Le chêne-liége couvre encore des surfaces considérables, 480,000 hectares environ, la moitié dans la province de Constantine, où les sujets vigoureux donnent de 100 à 400 kilogrammes de liége par pied. Le pin d'Alep, très-répandu sur les collines et dans les montages, se contente d'une mince couche de terre végétale et se prête facilement au reboisement. Le frêne et l'orme viennent dans les lieux humides, dans la montagne et en plaine, réunis souvent en massifs étendus le long des rivières, tandis que le peuplier blanc forme des groupes pittoresques près des sources ou dans le fond des vallées. Dans les broussailles ou maquis dominent les espèces à feuilles persistantes toujours vertes, telles que le chêne vert, le chêne-kermès, le myrte, l'arbousier, le lentisque, l'olivier sauvage, le garou, les cistes; puis les espèces frutescentes à feuilles réduites : le thym, le romarin, la lavande, le genévrier ; enfin, les arbustes épineux plus nombreux en individus qu'en espèces : calycotomes, genêts, le *Ziziphus lotus*, l'*Asparagus albus*, l'*A. horridus*, le *Spartium*. Un représentant de la famille des palmiers, le palmier nain, *Chamærops humilis*, très-abondant sur les terres du littoral, produit aussi des broussailles et donne beaucoup de mal aux colons pour le défrichement. Parmi les espèces exotiques, l'eucalyptus, importé d'Australie, rend de grands services pour l'assainissement des lieux marécageux. Cet arbre a une croissance si rapide, qu'un pied de sept ans peut atteindre 20 mètres de hauteur et 1 mètre de tour. De son côté, le cèdre algérien, considéré comme une variété du cèdre du Liban, manifeste une superbe croissance dans toutes les montagnes algériennes, particulièrement dans les forêts de Teniet-el-Had, dans le cercle de Milianah, et aux environs de Batna. Mais aucune essence de l'Algérie ne surpasse le thuya (*Caliris quadrivalvis*) pour la valeur industrielle. Aucune essence n'est appréciée par les ébénistes à l'égal de la souche du thuya, si remarquable par ses mouchetures, ses moires, ses veines flambées, dont les dispositions variées

sont si diverses, tandis que ses tons chauds, doux et lui-
sants, passent par nuances graduées de la couleur du feu
à la teinte rosée de l'acajou, nuances inaltérables, au lieu
de brunir comme l'acajou, de pâlir comme le bois de rose.

Nous n'entendons pas cependant considérer ici la restauration des forêts de l'Algérie au point de vue particu-
lier de la production du bois, de leur valeur financière ou
industrielle. Ce que nous désirons pour le moment, c'est
de faire ressortir l'importance du reboisement dans l'intérêt de l'exploitation générale du pays. Quiconque par-
court l'Algérie, de la mer au Sahara, revient pénétré de la
nécessité de cette entreprise. L'urgence de refaire les forêts
dans les montagnes du Tell, comme celle de la zone des
hauts plateaux, s'impose absolument. A l'époque où les
hauts plateaux étaient boisés, ils avaient leurs cours d'eau
permanents, un climat plus humide, des pâturages plus
riches. Dans son état actuel, cette zone ne présente plus
que des ravins taris en place de rivières, peu ou point de
cultures arables, des pâturages précaires. Sans doute,
l'alfa, exploité maintenant comme matière à papier, sur
de vastes espaces, donne un revenu de 15 à 20 millions de
francs par année. Peu de chose pourtant en considération
de l'immense étendue du territoire qui devrait donner un
revenu supérieur avec l'élève du bétail. Actuellement, les
Arabes nomades n'y élèvent guère que des moutons, leur
principale ou mieux leur unique fortune, car ni le bœuf ni
le cheval ne sont à porter en ligne de compte dans le dé-
nombrement des troupeaux. L'élève du cheval et du bœuf
offrirait de grandes ressources à condition d'avoir une
nourriture assurée. Hélas ! la sécheresse de cette zone est
telle que les moutons, beaucoup moins exigeants, ne trou-
vant pas toujours à se nourrir, périssent de faim et de
soif par troupeaux entiers. Pour ouvrir la zone des hauts
plateaux à la colonisation, de même que pour la rendre
plus productive pour les indigènes pasteurs, il faut avant

tout en améliorer le climat, lui donner plus d'humidité, la garantir mieux contre les vents desséchants au moyen du reboisement sur la plus grande échelle possible. Tâche difficile, mais non pas irréalisable, à condition de devenir l'œuvre de plusieurs générations.

Depuis longtemps l'administration forestière française se préoccupe de la question du reboisement de l'Algérie. Les études de M. Reynard sur la restauration des bois et des pâturages dans le sud de la province d'Oran méritent à ce sujet une attention particulière. Attaché à l'administration de l'Algérie en qualité d'inspecteur des forêts, M. Reynard a consacré toute son activité à l'étude du reboisement. D'après ses estimations, il y a actuellement sur une superficie de 4 millions d'hectares entre Boghari et l'Oued-Djeddi, non compris le cercle de Bougaada, environ 72,000 habitants, dont trois cinquièmes de nomades. Cela fait moins d'un individu par 555 hectares, une population spécifique 380 fois inférieure à celle de la France, où vivent en moyenne par 100 hectares 68 individus. Les forêts délimitées sur la superficie en question de 4 millions d'hectares s'élèvent à 2,900 hectares seulement ; les forêts non délimitées à 80,000 hectares, dont 24,000 en beaux massifs. Par contre, il existe dans la même région des traces de boisement ancien sur 200,000 hectares au moins. Dans son projet de restauration, M. Reynard propose d'améliorer les massifs existants, soit une surface de 100,000 hectares au nombre rond de repeupler les 200,000 hectares déboisés avec des forêts nouvelles. Par suite, la proportion de la superficie forestière par rapport à la superficie totale serait portée à 12 p. 100, contre 29 p. 100, proportion moyenne des forêts à l'ensemble du territoire en Europe. La dépense pour cette opération s'élèverait à 24 millions de francs répartis sur une durée de 30 ans. Nécessairement les surfaces à reboiser sont à soustraire au parcours des nomades, précaution sans laquelle la restauration des forêts est impossible. La même condition s'impose pour le repeuplement naturel des dayas dans le Sahara, au sud de Laghouat. On appelle dayas, dans le Sahara algérien, des dépressions du sol ou cuvettes peu profondes où les eaux se ramassent en temps de pluie, en y amenant les détritus des plateaux et en y entretenant l'humidité plus longtemps qu'ailleurs. Sous cette influence, les dayas se recouvrent d'une végétation de jujubiers et de pistachers en buissons. Quand on a vu comment le moindre bouquet d'arbres abrite le sol contre les rayons de soleil et la violence des vents, il faut reconnaître quelle modification heureuse exerce sur le régime des eaux et l'amélioration du climat le reboisement poursuivi avec méthode sur une grande échelle. Consacrons donc à cette restauration des forêts et à l'aménagement des eaux deux à trois millions de francs seulement par année, et nous ferons pour l'exploitation et la culture de l'Algérie bien davantage que par la création beaucoup plus onéreuse de la mer intérieure pour laquelle on a demandé à l'État une cinquantaine de millions, sans pouvoir garantir la réalisation des résultats promis.

De toute façon la réalisation du programme de travaux publics dont nous venons d'esquisser les principaux traits coûtera bien moins que la conquête et l'occupation militaire dont ces travaux sont le complément indispensable pour qui envisage dans sa réalité l'état des choses. Poussée en Algérie pour défendre ou pour sauvegarder son honneur national, la France a dû successivement étendre sa domination sur ce pays afin de répondre aux exigences inéluctables de sa défense, non pour satisfaire un désir d'extension territoriale. Les mêmes raisons qui la retiennent à Alger depuis passé cinquante ans l'obligent maintenant à se fixer en Tunisie, non pas provisoirement, mais à titre définitif, au prix de nouveaux sacrifices. Ces sacrifices ne sont pas au-dessus de ses forces et comme ils servent les intérêts supérieurs de la civilisation, la noble cause du progrès dans l'humanité, nul n'aura à s'en plaindre. Et si le développement des routes et des chemins de fer, la création de ports de mer sûrs, l'irrigation des terres trop sèches, l'amélioration du climat par le reboisement, la multiplication des puits artésiens dans les régions désertes, si toutes ces entreprises pacifiques affermissent et achèvent l'œuvre commencée par la force des armes, rendent impossible toute tentative de rébellion du peuple conquis en assurant la prospérité des hommes qui travaillent, sans distinction de race ni d'origine, en activant le mouvement d'immigration volontaire de manière à fondre les indigènes dans le flot des colons européens, tout le monde applaudira aux efforts tentés pour fixer l'attention du gouvernement français sur des travaux susceptibles de contribuer à la gloire et à la puissance de la nation.

Nancy, Imprimerie Berger-Levrault et Cie.

NANCY, IMPRIMERIE BERGER-LEVRAULT ET Cie.